Sven-David Müller

Prinzipienwandel in der diätetischen Therapie des Diabetes mellitus

Neue Richtlinien zur Ernährung von Diabetikern

GRIN Verlag

Bibliografische Information der Deutschen Nationalbibliothek:

Die Deutsche Bibliothek verzeichnet diese Publikation in der Deutschen National-
bibliografie; detaillierte bibliografische Daten sind im Internet über http://dnb.d-
nb.de/ abrufbar.

Impressum:

Copyright © 2005 GRIN Verlag GmbH
Druck und Bindung: Books on Demand GmbH, Norderstedt Germany
ISBN: 978-3-640-83084-8

Dieses Buch bei GRIN:

http://www.grin.com/de/e-book/166780/prinzipienwandel-in-der-diaetetischen-
therapie-des-diabetes-mellitus

Prinzipienwandel in der diätetischen Therapie des Diabetes mellitus
Neue Richtlinien zur Ernährung von Diabetikern

Sven-David Müller, M.Sc., Diätassistent und Diabetesberater DDG

Einleitung:

Ziel der diätetischen Therapie des Diabetes mellitus ist die Verbesserung der Gesamtstoffwechselsituation, insbesondere die Optimierung der Glucosehomöostase, um die Lebensqualität der Patienten zu erhöhen und den diabetesbedingten akuten und chronischen Folgekomplikationen vorzubeugen [19]. Trotz unbestreitbarer Fortschritte in der Diabetesforschung, -schulung und -therapie wird die Lebenserwartung von Diabetikern nach wie vor durch das Auftreten schwerer Folgeerkrankungen limitiert. Der Diabetes mellitus ist nach Angaben der Deutschen Diabetes Gesellschaft die häufigste Ursache für den Myocardinfarkt, die dialysepflichtige Niereninsuffizienz, die Erblindung und die Amputation der unteren Extremitäten. Mikro- und Makroangiopathie sind zu etwa 80 % die Todesursache bei Diabetikern. Um das Risiko der diabetischen Folgekomplikationen zu reduzieren, ist die diätetische Therapie ein wesentlicher Bestandteil des Gesamttherapiekonzeptes bei Diabetes mellitus. Das gelegentlich auch heute noch propagierte Dogma „Die Diät ist die Grundlage aller Behandlungsformen des Diabetes mellitus" entbehrt für die Therapie des Typ 1 Diabetes seit 1922 jeglicher naturwissenschaftlicher Grundlage.

Diabetes mellitus ist eine chronische Stoffwechselstörung, die auf einem absoluten Insulinmangel (Typ 1-Diabetes) oder einer verminderten Insulinwirkung und retardierter postprandialer Insulinsezernierung bei Insulinresistenz (Typ 2-Diabetes) oder Sekundärversagen beruht. Ein Diabetes mellitus liegt vor, wenn wiederholt Blutglucosekonzentrationen (im Vollblut) von nüchtern > 126 mg/dl oder nach oralem Glucosetoleranztest (75 g Glucose) > 200 mg/dl nachweisbar sind [5]. Unter Insulinmangel und Insulinresistenz kommt es zu Störungen der Glucosehomöostase mit Hyperglykämie, die das Kardinalsymptom des Diabetes mellitus darstellt. Während die Mehrzahl der Typ 2 Diabetiker allein mit einer individuellen Ernährungstherapie ausreichend therapierbar wäre, tritt die Ernährungstherapie bei Typ 1 Diabetes mellitus in ihrer Bedeutung für die aktuelle Glucosehomöostase hinter die Insulintherapie zurück.

Zitat [34]: Die Ernährung bei Diabetes muß neben einer Verbesserung der Lebenserwartung auch die Bedürfnisse der Lebensqualität berücksichtigen. Essen und Trinken sind wichtige psychosoziale Verhaltensweisen im Alltag und Quelle für Freude, Spaß und Genuß.

Die Empfehlungen zur diätetischen Therapie des Diabetes mellitus, insbesondere des Typ 1 Diabetes mellitus, unterlagen in den letzten Jahrzehnten einem steten und extremen Wandel. Diese Änderungen betrafen insbesondere den Kohlenhydrat- und Fettanteil der Nahrung sowie den Proteingehalt und das anzustrebende Fettsäuremuster. In der Vorinsulinära wurde Diabetikern empfohlen, im Rahmen einer hypokalorischen Kost 70 En% in Form von Fetten aufzunehmen, um den Organismus mit möglichst wenig blutglucoserelevanten Kohlenhydraten zu belasten. In der Insulinära nahm die anzustrebende Kohlenhydratmenge, die in Deutschland nach Berechnungs- oder Broteinheiten berechnet wird, immer weiter zu. Laut Diätverordnung entspricht eine BE 12 Gramm verwertbaren Kohlenhydraten. Der Einführung der intensiviert konventionellen Insulintherapie folgte eine Liberalisierung der diätetischen Therapie. Die intensivierte Insulintherapie ermöglicht eine optimierte Therapie der postprandialen Blutglucosewerte. Vor diesem Hintergrund wurden die Ernährungsempfehlungen der Deutschen Diabetes Gesellschaft 1988 liberalisiert [14]. Doch auch diese Diätform bot keine optimale Voraussetzung für einen langfristigen Therapieerfolg, wie die DCCT-Studie von 1993 erkennen ließ [15]. Das liberalisierte Ernährungsverhalten spiegelte sich bei intensiviert eingestellten Typ 1 Diabetikern in einer inadäquaten Gesamtstoffwechselsituation wider. Langfristige Folge dieser Dysregulation sind die diabetischen Folgekomplikationen (diabetische Nephropathie, - Retinopathie und - Neuropathie und allgemeine Arteriosklerose). Nur 14 % der Typ 1 Diabetiker in Europa erreichen die älteren Empfehlungen der Nutrition Study Group der EASD [35]. Die UKPDS Studie ergab, dass insbesondere einer optimalen Blutdruckeinstellung eine große Bedeutung zukommt. Eine scharfe Blutdruckeinstellung (Zielblutdruck < 130/80 mmHg) führt zu Reduktion aller diabetesbezogenen Endpunkte (36).

Neue ernährungsmedizinische Erkenntnisse, insbesondere über den Fettsäurestoffwechsel und den Effekt von einzelnen Fettsäuren wurden von den amerikanischen -, europäischen- und der deutschen Diabetesgesellschaft (ADA, EASD und DDG) aufgegriffen und in aktuelle Ernährungsempfehlungen eingebracht [16, 17, 18]. Die Insulinsensitivität wird durch einen vergleichsweise hohen Anteil einfach ungesättigter Fettsäuren verbessert [29]. In einer randomisierten crossover-Studie an Typ-2-Diabetikern konnte gezeigt werden, daß eine Kost mit 50 En% Fett mit einem hohen Anteil Monoesäuren (33 En%) und nur 35 En% Kohlenhydrate im Vergleich zu einer kohlenhydratreichen Kost mit 25 En% Fett und 60 En% Kohlenhydrate - überwiegend komplexe Kohlenhydrate - einen signifikant günstigeren Einfluß auf den Kohlenhydrat- und Lipidstoffwechsel hat [30].

Aktuelle Nährstoffrelation bei Diabetes mellitus (modifiziert nach: 6, 16, 17, 18, 19, 29):
• 10-20 % Protein
• 80-90 % Kohlenhydrate und Fett (< 10 En% gesättigte Fettsäuren, max. 10 En% mehrfach ungesättigte Fettsäuren und 60 bis 70 En% aus einfach ungesättigten Fettsäuren und Kohlenhydraten)

Die postprandiale Blutzuckersteigerung ist abhängig vom Glucosegehalt der einzelnen Kohlenhydrate. Die Blutzuckerwirksamkeit von Kohlenhydraten wird als glykämischer Index angegeben. Zur Bestimmung des glykämischen Index wird die Blutzuckersteigerung nach Aufnahme einer definierten Menge eines Lebensmittel mit einer kohlenhydratäquivalenten Glucosemenge verglichen. Das Ergebnis erhält man, wenn man die Blutzuckersteigerung des Testlebensmittels durch das Glucosereferenzergebnis teilt. Das Ergebnis, der glykämische Index, ist die hyperglykämisierende Wirkung des Testlebensmittels in Prozent im Vergleich zu Glukose [12]. Da die postprandiale Blutzuckersteigerung von vielen Faktoren (beispielsweise Fettgehalt, Zubereitungsart, Flüssigkeitsgabe, Zerkleinerungsgrad, Ballaststoffgehalt ...) beeinflusst wird, ist der glykämische Index in der Praxis wertlos [28]. Der glykämische Index macht eine Aussage über den relativen Blutglucoseanstieg nach der Gabe eines kohlenhydrathaltigen Nahrungsmittels im Vergleich zu der Gabe von Glucose, die einen Index von 100 % hat [19].

Empfehlungen der Amerikanischen Diabetesgesellschaft (ADA) [11]

Empfehlung	Nährstoffrelation	Metabolischer Effekt	Risiko
1921	70 En% Lipide	Blutglucose	Plasmatriglyzeride
	hypokalorisch		Dyslipidämie
			Arteriosklerose
			Ketoacidose
1986	55-60 En% Kohlenhydrate	Plasmatriglyzeride	Blutglucose
	(Polysaccharide, Ballast-		diabet. Folgekompli-

2

	stoffe) isokalorisch	kationen:	
		- Mikroangiopathie	
		- Makroangiopathie	
1998	60-70 En% Kohlenhydrate und MUFA, isokalorisch	Blutglukose Plasmatriglyzeride	?

Ballaststoffe

Untersuchungen bestätigen, dass sich Ballaststoffe, insbesondere wasserlösliche, positiv auf die postprandiale Glucosekonzentraion und die Insulinsezernierung auswirken. Die besten Erfolge wurden mit Guarkernmehl, einem wasserlöslichen Ballaststoff, erzielt. Ballaststoffe sind integraler Bestandteil der diätetischen Therapie des Diabetes mellitus. Die tägliche Ballaststoffzufuhr sollte 30 Gramm überschreiten.

Klassifizierung der Ballaststoffe [modifiziert nach: 27]

a) Nicht Kohlenhydrate (Bestandteile veganer Zellmembranen):	
■ Phytinsäure	
■ Wachse	Fibre associated substances
■ Silicate	
■ Lignin	
b) Nicht-Stärke-Kohlenhydrate:	
■ Cellulose	
■ Hemicellulose	
■ Pektine	
■ pflanzliche Speicherkohlenhydrate (z. B. Inulin)	
■ Pflanzengummen	
■ (Samen)Schleimstoffe	
■ Algenextrakte	
■ Cellulosederivate	dietary fibre
c) Potentielle Ballaststoffe:	
■ beispielsweise Resistente Stärke	

Zu den wasserlöslichen Ballastoffen (Quellstoffe) gehören Hemicellulose Typ a (ohne Glucuronsäure), Pektine, Pflanzengummen, Samenschleime, Meeresalgenxtrakte, Inulin und Fructo-Oligosaccharide. Wasserunlöslich (Füllstoffe) hingegen sind Lignin, Cellulose und Hemicellulose Typ b (mit Glucuronsäure). Die Füllstoffe haben vorwiegend gastrointestinale Effekte und die Quellstoffe daneben noch metabolische Effekte. Die unstirred water layer sind eine Flüssigkeitsschicht, die die Oberfläche des Dünndarmepithels bedecken und eine Barriere für die Diffusion bilden. Die Diffusionsgeschwindigkeit hydrophiler Partikel wird durch die Dicke der unstirred water layer beeinflusst und ist insbesondere abhängig vom Gehalt an wasserlöslichen Ballaststoffen der Nahrung. Die Resorption von Monosacchariden und der postprandialen Blutglucosesteigerung wird retardiert [33].

Gastrointestinale Motilitätsstörungen bei Diabetes mellitus

Von großer Bedeutung im Rahmen der diätetischen Therapie des Diabetes mellitus sind gastrointestinale Motilitätsstörungen auf dem Boden der autonomen diabetischen Neuropathie. Sie entstehen wahrscheinlich überwiegend als Folge einer diabetesbedingten Dysfunktion des Nervus vagus. Alle Abschnitte des Gastrointestinaltraktes können betroffen sein. Es kommt beispielsweise zu Magen-Entleerungsstörungen/-verzögerungen (Gastroparesis diabeticorum), gestörter Dünndarm- und Dickdarmfunktion mit Diarrhoe und/oder Obstipation. Im Rahmen einer gastrointestinalen Motilitätsstörung des Magens sollte vor jeder Mahlzeit ein flüssiger Kohlenhydratträger (beispielsweise Fruchtsaft) gegeben werden. Sind tiefere Abschnitte des Gastrointestinaltraktes betroffen, sollten zu jeder Mahlzeit Quellstoffe substituiert werden.

Saccharose, Zuckeraustauschstoffe und Süßstoffe in der diätetischen Therapie des Diabetes mellitus

Saccharose steht heute nicht mehr in der Verbotsliste von Diabetikern [18, 19]. In der Gemeinschaftsverpflegung darf die Diabetes-Kost keine Saccharose enthalten, da die Diätverordnung Saccharose in der Diabeteskost ausschliesst. Eine Retardierung der postprandialen Blutglucosesteigerung nach saccharosehaltigen Lebensmitteln setzt ein, wenn fett-, eiweiß- und ballaststoffhaltige Lebensmittel in nicht flüssiger Form verzehrt werden [18, 19]. Um das Risiko von Stoffwechselentgleisungen zu reduzieren, sollte Saccharose immer im Rahmen einer „Mischkostmahlzeit" verzehrt werden [18, 19]. Nach Angaben der Deutschen Diabetes Gesellschaft sollte die Saccharoseaufnahme 10 En% nicht überschreiten [18]. Fruchtzucker und einige Zuckeralkohole (Sorbitol, Mannitol, Xylit ...) werden wegen ihrer Süßkraft und ihren zu vernachlässigenden minimalen Blutglukoseeffektes, der 1/10 (Zuckeralkohole) bis ¼ (Fruktose) von Glukose entspricht, als Zuckeraustauschstoffe bei Diabetes mellitus angewandt [12]. Der minimale Blutglukoseeffekt macht eine Kohlenhydrat- und Kalorienberechnung in der Praxis überflüssig. Die Diätverordnung hingegen schreibt eine Berechnung des Kohlenhydrat- und Kaloriengehaltes für die Gemeinschaftsverpflegung und bei diätetischen Lebensmitteln vor. In der enteralen Ernährungstherapie des Diabetes mellitus werden fruktosehaltige Trink- und Sondennahrungen aufgrund ihrer Blutzuckerstabilisierung als günstig betrachtet [23, 24]. Fruktose ist kein Zuckeraustauschstoff im eigentlichen Sinne.

Zuckeraustauschstoffe		Süßstoffe	
(Fructose)		Acesulfam (Kalium)	E 950
Sorbit	E 420	Aspartame	E 951
Mannit	E 421	(Natrium) Cyclamat	E 952
Isomalt(it)	E 953	(Natrium) Saccharin	E 954
Maltit	E 965	Thaumatin	E 957
Lactit	E 966	Neohespiridin DC	E 959
Xylit	E 967		

Die Magenentleerung beeinflusst maßgeblich die postprandiale Blutglucosesteigerung

Kohlenhydrate aus flüssigen Lebensmittel werden intestinal doppelt so rasch resorbiert wie aus festen Lebensmitteln [4]. Die Magenentleerung wird insbesondere durch die Konsistenz des Mageninhaltes beeinflusst. Flüssigkeiten passieren den Pylorus in der Regel schon nach 10 Minuten [11]. Das ist auch in der Ernährungstherapie der diabetischen Gastroparese zu beachten. Typ 1 Diabetiker und Diabetiker des Typ 2, die mit insulinotropen Substanzen behandelt werden, sollten vor jeder Mahlzeit 1 bis 2 BE in Form von Fruchtsäften aufnehmen.

Proteine in der diätetischen Therapie des Diabetes mellitus

Hoher Eiweißverbrauch steigert die Gluconeogenese und führt zu erhöhtem Blutglucosespiegel und Seruminsulin bei Typ 2 Diabetikern [34]. Die Proteinzufuhr bei Diabetes mellitus sollte zwischen 10 und 20 En% liegen, um einer diabetischen Nephropathie vorzubeugen. Eine Reduktion der Proteinzufuhr auf 10 En% ist erst nach Diagnosestellung einer diabetischen Nephropathie erforderlich. Möglicherweise begünstigt die unter proteinreicher Kost gesteigerte glomeruläre Filtrationsrate (GFR) die Entwickluung der Glomerulosklerose. Die momentane Proteinzufuhr liegt nach J. M. Franz (et al.) in den USA bei 14 bis 18 En% und in Deutschland bei 17,6 En%.

Alkohol in der diätetischen Therapie des Diabetes mellitus
Alkohol unterdrückt die hepatische Gluconeogenese und schon bei einem Blutalkoholspiegel von 0,45 Volumen% steigt das Hypoglykämie-Risiko signifikant an. Dies trifft insbesondere auf Patienten unter Insulin- und/oder Sulfonylharnstofftherapie zu. Daher sollten Diabetiker alkoholreiche Getränke meiden. Relativ geeignet sind Bier, Wein und Sekt.

Ist Zink ein Bestandteil der adjuvanter Therapie des Diabetes mellitus ?
Das essentielle Spurenelement Zink [31]ist an der Insulinspeicherung beteiligt [10]. Zink ist Bestandteil des Insulins und wahrscheinlich auch für dessen Wirkung an der Zelle erforderlich [20]. Die Zinkzufuhr in Deutschland ist suboptimal und liegt unterhalb der empfohlenen Aufnahmemenge von 12 bis 15 mg. Bei Diabetikern ist mit Zinkurie zu rechnen, die zu einer Zinkverarmung führen kann. Der Zinkspiegel im Serum liegt bei Diabetikern meist niedriger als bei Kontrollpersonen [34]. Zink ist Bestandteil einer Vielzahl von Metalloenzymen, und für die Aktivierung von Enzymen erforderlich. Hieraus erklärt sich die Bedeutung des Spurenelements für den Kohlenhydratstoffwechsel und die Glucosehomöostase [31].

Ist Chrom ein Bestandteil der adjuvanten Therapie des Diabetes mellitus ?
Das essentielle Spurenelement Chrom [31, 32] ist in Form des Glucosetoleranzfaktors ein Aktivator der Insulinwirkung und wird für die optimale Glucosehomöostase benötigt. Chrommangel äußert sich in gestörter Glucosetoleranz [7]. Bestandteile des Glucosetoleranzfaktors sind Chrom (III) als Zentralatom und die Liganden Nicotinsäure und die Aminosäuren Glycin und Glutamin [8]. Der Glukosetoleranzfaktor soll die zirkulierenden Mengen an Glucose, Insulin und Glucagon nach Glucosebelastung reduzieren. Der safe an adequate daily intake für Chrom wird mit 50 bis 200 µg täglich angegeben [9]. Die Zufuhr in Deutschland liegt unterhalb dieser Empfehlung und bei Diabetikern ist mit verstärkter Chromurie im Rahmen der Glucoseurie oder der diabetischen Nephropathie zu rechnen. Bei erwachsenen Diabetikern konnte die Diabeteseinstellung durch tägliche Gabe von 180-1000 Mikrogramm Chrom verbessert werden [21]. Viele Befunde sprechen dafür, dass Chrom Beziehungen zum Kohlenhydrat- und Fettstoffwechsel hat, ohne dass die Wirkungsweisen detailliert bekannt sind [32]. Chrom als Bestandteil des Glucosetoleranzfaktors kann bei Mangel zu Hyperglykämie und Hyperlipoproteinämie führen. Bei älteren Patienten mit einer Insulinresistenz wurde nach Gabe von Bierhefe als chromhaltige Substanz gelegentlich eine Verbesserung der Stoffwechsellage beobachtet (34).

Besonderheiten in der diätetische Therapie des Typ 2 Diabetes mellitus
Dem Diabetes mellitus Typ 2 liegt zumeist ein metabolischen Syndrom auf dem Boden einer hyperkalorischen Ernährungsweise, Bewegungsmangel und einer genetische Prädisposition zugrunde. Die diätetische Therapie des Typ 2 Diabetes mellitus zielt auf eine Körperfettmassereduktion ab und ist hypokalorisch, lipidmodifiziert, relativ kohlenhydratreich, ballaststoffreich sowie von moderatem Proteingehalt. Der Ziel-BMI liegt zwischen 20 und 28. Das relative Diabetesrisiko übergewichtiger Personen liegt nach Schneider (1996) bei 2,9. Die gesundheitlichen Konsequenzen der Gewichtsabnahme bei Diabetes mellitus Typ 2 beschreibt die Scottish Intercolligiate Guidelines Network (1996) in einer Senkung des Nüchternglucosewertes um 50 %. Die Reduzierung des abdominellen Fettgewebes scheint der entscheidende Faktor für die Verbesserung der Diabeteseinstellung zu sein (International Obesity Task Force,

1997). Eine BE-Berechnung bei Typ 2 Diabetes mellitus ist im Gegensatz zur Kalorienberechnung nicht sinnvoll [18]. Die Einhaltung von vielen kleinen Mahlzeiten bietet keinen Vorteil gegenüber einer Kost mit 3 bis 4 Mahlzeiten [13].

BMI als Grundlage zur Klassifikation der Adipositas [modifiziert nach: 22]

Gewichtsbewertung	BMI
Untergewicht	< 18,5
Normalgewicht	18,5 - 24,9
Übergewicht	25,0 - 29,9
Adipositas	30,0 - 39,9
Adipositas permagna	40 und mehr

Energieaufnahme bei Diabetes mellitus
Empfehlungen für die Energieaufnahme erübrigen sich bei der diätetischen Therapie des Diabetes mellitus, wenn das Körpergewicht im Normalbereich liegt und die Körperfettmasse nicht erhöht ist. Der Ziel BMI liegt bei 19 bis 25 [19]. Bei erhöhtem BMI ist eine hypokalorische Ernährung, vermehrte Muskelaktivität, Verhaltenstherapie und ab einem BMI > 30 unter Umständen eine medikamentöse Therapie (Sibutramin (Reductil) und Orlistat (Xenical)) im interdisziplinären Team dauerhaft erforderlich.

KHK-Risiko bei Diabetes mellitus
70 % der Diabetiker sterben an cardiovasculären Erkrankungen, die bei ihnen 2- bis 3mal häufiger vorkommen als in der Normalbevölkerung. Diabetikerinnen haben ein 6,2fach erhöhtes und Diabetiker ein 2,2fach erhöhtes Herzinfarktrisiko [6]. Die Dresdener Diabetesinterventionsstudie (DIS), die von 1977 bis 1991 an über 1000 neu diagnostizierten Typ 2 Diabetikern durchgeführt wurde, sollte die Ursache der hohen Morbiditäts- und Moralitätsraten der Typ 2 Diabetiker aufklären. Wesentlich verantwortlich für die Entstehung der Atherosklerose und Koronaren Herzkrankheit (KHK) scheint der postprandiale Blutzuckerwert und die postprandiale Hyperlipidämie zu sein [25, 26]. Die Konsequenz aus diesen Ergebnissen muß ein Umdenken bei der diätetischen Therapie des Diabetes mellitus sein.

Glykämischer Index
Der glykämische Index hat keinen Eingang in die diätetische Therapie des Diabetes mellitus in Deutschland gefunden. Zitat aus Diabetologie in Klinik und Praxis (37): „Der glykämische Inex ist damit zwar eine hilfreiche Große im Verständnis der Verdauungsphysiologie, in der Ernährungspraxis für die meisten Patienten jedoch kein praktikables Maß". Es liegt jetzt an den Diätassistenten, Ernährungswissenschaftler, Diplom Oecotrophologen, Medizinern und Diabetesberatern, den glykämischen Index zu einer praktikablen und anwendungsorientierten Größe zu machen. Bisher wird der glykämische Index in BE-Tabellen nicht einbezogen. Wider besseren Wissens wird von Ernährungsfachkräften behauptet, dass Vollkornbrot den Blutglucosespiegel retardierter ansteigen läßt als Weißbrot. Der glykämische Index von Weißbrot und Vollkornbrot beweist jedoch das Gegenteil. Problematisch ist, dass die Kohlenhydratdigestion in vivo durch eine Vielzahl von Faktoren gesteuert und beeinflusst wird, die im diätetischen Alltag schwer zu berechnen sind. An den ersten drei Stellen sind iesbezüglich der Verarbeitungsgrad der Nahrungsmittel, der Ballaststoffgehalt und der Fettgehalt der Nahrung zu nennen. Der pathologisch retardierte postprandiale Insulinreflex nach kohlenhydrathaltigen Mahlzeiten bei Typ 2 Diabetikern zeigt die Notwendigkeit der Beachtung des glykämischen Index. Hier führt ein niedriger glykämischer Index zu einer besseren Stoffwechseleinstellung.

Problematisch ist jedoch, dass der glykämische Index substratabhängig (38) und interindividuell sehr variabel ist (39). Der glykämische Index ist jedoch intraindividuell sehr gut reproduzierbar (40), was eine klinische Anwendung sinnvoll erscheinen läßt. Zudem sind weitere ernährungsmedizinische und ernährungswissenschaftliche Studien erforderlich.

Der glykämische Index von Lebensmitteln (modifiziert nach 41)

Glukose	100 %
Cola	97 %
Baguette	95 %
Kartoffelflocken	74 %
Bier	74 %
Weißbrot	73 %
Graubrot	68 %
Knäckebrot	66 %
Spaghetti	64 %
Haferflocken	64 %
Vollkornbrot	63 %
Saccharose	62 %
Orangen	53 %
Kartoffeln	49 %
Zuckermelone	49 %
Weintrauben	45 %
Vanilleeis	42 %
Käse-Sahne-Torte	40 %
Buttermilch	35 %
Apfel	33 %
Müsli	30 %
Laktose	30 %
Linsen	30 %
Milch	29 %
Vollmilchjoghurt	27 %
Pflaumen	25 %
Erbsen	23 %
Vollmilchschokolade	22 %
Fruchtzucker	21 %
Erdnüsse	12 %

Aktuelle Empfehlungen zur diätetischen Therapie des Diabetes mellitus
Die neuen Empfehlungen für die diätetischen Therapie des Diabetes mellitus geben die Empfehlung, die absolute Kohlenhydratmenge zugunsten der einfach ungesättigten Fettsäuren zu reduzieren, wobei die Kohlenhydratzufuhr in komplexer Form und ballaststoffreich geschehen sollte [25, 16, 17]. In Anlehnung an die neueren US-Amerikanischen Empfehlungen der ADA [16] und der europäischen Diabetesgesellschqaft EASD [17) zur diätetischen Therapie des Diabetes mellitus schliesst sich die Deutsche Diabetes Gesellschaft an und empfiehlt eine Kostform, deren Energiegehalt zum Großteil aus komplexen Kohlenhydraten und einfach ungesättigen Fettsäuren stamm [17, 18, 19]. Die Liberalisierung zielt im wesentlichen darauf ab, die Zufuhr der tierischen, atherogenen gesättigten Fettsäuren zu reduzieren. Monoensäuren wie beispielsweise die Ölsäure sind nicht mit einem Arteriosleroserisiko behaftet [6, 13, 25, 26] und weniger Oxidationsempfindlich. Ein hoher Gehalt an einfach ungesättigten Fettsäuren

und Polysacchariden erreicht beim gleichzeitigen hohen Gehalt an wasserlöslichen Ballaststoffen eine verzögerte intestinale Glucose-Resorption. Nach H. Laube (et al.) ist Stärke nach wie vor das wichtigste Kohlenhydrat in der diabetesgerechten Ernährung [34].

Mehrfach ungesättigte Fettsäuren sind als Strukturelemente der zellulären Membranen sowie als Präkursorsubstanzen der Eicosanoide essentielle Nahrungsbestandteile. Sie unterliegen aber wegen ihrer Doppelbindungen leicht der Peroxidation. Als Folge treten morphologische- und funktionelle Veränderungen der Zellmembran auf, die bei der Pathogenese von Gefäßerkrankungen eine bedeutende Rolle spielen. Die gesättigten Fettsäuren stellen unbestritten einen wesentlichen pathogenetischen Faktor der Arteriosklerose dar. Einfach ungesättigte Fettsäuren hingegen sind in der Lage, Serumtriglyzeride und VLDL-Cholesterin zu senken, das HDL-Cholesterin zu erhöhen und die Insulinsentivität zu verbessern [34]. Nachteilige Veränderungen des Fettstoffwechsels sind unter dem Einfluss von Monoensäuren nicht bekannt. Dies beruht unter anderem auf dem geringen Oxidationspotential [6, 25]. Zum anderen senken einfach ungesättigte Fettsäuren über einen vermutlich passiven Wirkmechanismus den Gesamt- und LDL-Cholesterin-Siegel [4]. Die erhöhte Prävalenz kardiovasculärer Erkrankungen bei Diabetes mellitus rechtfertigt die Empfehlung für die Reduktion der gesättigten Fettsäuren. Die derzeitige Zufuhr ist in Deutschland deutlich überhöht und nicht akzeptabel. Gleiches gilt für Transfettsäuren. [19].

Zitat [3]: „ ... To achieve optimal plasma glucose and lipid levels, modified enteral formulars that reflect current diabetes nutrition recommendations and provide for optimal postprandial glucose and lipid levels should be used. Replacing a portion of CHO calories with MUFA calories in disease-specific enteral formulars is an effective way to meet these objectives ... "

Enterale Ernährung mit Trink- und Sondennahrung bei Diabetes mellitus
Ein internationales Expertenkomitee verabschiedete auf dem Boden der neuen Empfehlungen für die diätetische Therapie des Diabetes mellitus und aktueller Studienergebnisse Richtlinien zur enteralen Ernährung bei Diabetes mellitus. Die Interessen der deutschen Fachgremien nahmen Prof. Dr. Dr. Fürst, Universität Hohenheim und Prof. Dr. Schrezenmeier, Kiel, wahr. Auf der Basis der Empfehlungen der nationalen-, europäischen und der US-Amerikanischen Diabetesgesellschaften [16, 17; 18, 19] wurden die enteralen Flüssignahrungen in ihrer Zusammensetzung darauf abgestimmt. In den Flüssignahrungen der zweiten Generation ist ein der Teil der Kohlenhydrate durch Monoensäuren ersetzt, und der Anteil der gesättigten- und mehrfach ungesättigten Fettsäuren beträgt jeweils weniger als 10 Energieprozent [23].

Trink- und Sondennahrungen der ersten- und der zweiten Generation
Im Vergleich zur bisherigen diätetischen Therapie und Sondenernährung von Diabetikern zeigen sich unter der veränderten diätetischen Therapie und Sondenernährung deutliche Unterschiede im Kohlenhydrat- und Fettsäuremuster sowie -gehalt und bieten dadurch metabolische Vorteile. Die in Trink- und Sondennahrungen für Diabetiker vorkommenden Kohlenhydrate sollten aus Polysacchariden und Zuckeraustauschstoffen stammen. Die Verwendung von Monosacchariden mit Ausnahme von Fructose, Oligosacchariden wie Maltodextrin und Disacchariden mit einem hohen Glykämischen Index sollten unterbleiben, zumal die Diätverordnung diese Kohlenhydrate für diätetische Lebensmittel zur besonderen Ernährung bei Diabetes mellitus im Rahmen eines Diätplanes nicht vorsieht. Diabetesnahrungen und die diabetesgerechte Ernährung sollte reich an Ballaststoffen sein. Hier sind wasserlösliche Ballaststoffe vorzuziehen.

Neue Richtlinien der diätetischen Therapie des Diabetes mellitus und Sondennahrung bei Diabetes mellitus der 2. Generation [modifiziert nach: 4]

Zusammensetzung	Metabolische Effekte	Auswirkungen
KH-Gehalt ⇓ (40-50 En%)	Glykämischer Index ⇓	Stoffwechseldekompensation ⇓
	Blutglucose ⇓	
	HBA1c ⇓	
	Insulinbedarf ⇓ *(⇒ BMI ⇓)*	
	Insulinresistenz ⇓ *(⇒ BMI ⇓)*	
MUFA ⇑ (15-30 En%)	Blutviskosität ⇓	diabet. Folgekomplikationen ⇓
	(⇒ Microzirkulation ⇑)	
	Peroxidbildung ⇓	
	(⇒ Atherogenese ⇓)	
	Plasmatriglyzeride ⇓	
	Gesamt-/LDL-Cholesterin ⇓	Arteriosklerose ⇓
	HDL-Cholesterin ⇑	
SAFA ⇓ (< 10 En%)	Plasmatriglyzeride ⇓	diabet. Folgekomplikationen ⇓
	Gesamt-/LDL-Cholesterin ⇓	
	(Atherogenese ⇓)	
	HDL-Cholesterin ⇑	Arteriosklerose ⇓
	Thrombozytenaggregation ⇓	
	(Microzirkulation ⇑)	
PUFA (5-10 En%)	Peroxidbildung ⇓	diabet. Folgekomplikationen ⇓

> **Kohlenhydrat- und MUFA-Zufuhr = 60-70 En%, SAFA < 10 En%, PUFA 5-10 En% und Proteingehalt = 10-15 En%**

Diese Modifikation im Vergleich zu Sondennahrungen für Diabetiker der ersten Generation ist effektiv. Eine Reduzierung des Kohlenhydratanteils zugunsten der einfach ungesättigten Fettsäuren führt zu einer Verschiebung der Nährstoffrelation entsprechend den metabolischen Gegebenheiten bei Diabetes mellitus. Aufgrund der Stoffwechselwege und -effekte der MUFA im Vergleich zu Kohlenhydraten wird eine Optimierung der postprandialen Plasmatrigylzerid- und Blutglucosewerte erreicht und somit das Auftreten akuter Stoffwechselentgleisungen sowie diabetischer Folgekomplikationen positiv beeinflusst [3, 23, 25, 30]. Größere Mengen an mehrfach ungesättigten Fettsäuren sind nicht empfehlenswert, da diese zu einer vermehrten Lipid- und LDL-Oxidation und vermindertem HDL-Spiegel beitragen können [19].

Sondennahrung bei Diabetes mellitus - 1. Generation [1]

Produkt	Hersteller	Nährstoffrelation
Fresenius Diabetes	Fresenius	15 En% Protein, 32 En% Lipide, 53 En% Kohlenhydrate
Salvimulsin Diabetes	Nestlé Clinical Nutrition	15 En% Protein, 37 En% Lipide, 48 En% Kohlenhydrate
Nutrodrip Diabetes	Novartis Nutrition	15 En% Protein, 31 En% Lipide, 54 En% Kohlenhydrate
Nutricomp Diabetes	B. Braun	15 En% Protein, 30 En% Lipide, 55 En% Kohlenhydrate

Sondennahrung bei Diabetes mellitus - 2. Generation [2]

Produkt	Hersteller	Nährstoffrelation
Biosorb Diabetes	Pfrimmer Nutricia	17 En% Protein, 38 En% Lipide (2 En% SAFA, 28 En% MUFA, 8 En% PUFA),

9

Glucerna	Abbott	45 En% Kohlenhydrate 17 En% Protein, 50 En% Lipide (5 En% SAFA, 36 En% MUFA, 9 En% PUFA),
Nutrison L.EN. Diabetes	Pfrimmer Nutricia	33 En% Kohlenhydrate 17 En% Protein, 38 En% Lipide (2 En% SAFA, 28 En% MUFA, 8 En% PUFA),
Sondalis Diabetes	Nestlé Clinical Nutriton	45 En% Kohlenhydrate 15 En% Protein, 40 En% Lipide (5,5 En% SAFA, 29 En% MUFA, 5,5 EN% PUFA),
Salvimulsin Diabetes neu	Nestlé Clinical Nutriton	45 En% Kohlenhydrate 15 En% Protein, 40 En% Lipide (5,5 En% SAFA, 29 En% MUFA, 5,5 EN% PUFA), 45 En% Kohlenhydrate

Zusammenfassung:

Die Ernährungstherapie ist die beste Form der oralen Diabetestherapie. Menschliche Eßgewohnheiten sind konstante Größen. Die traditionelle diätetische Therapie des Diabetes mellitus scheitert, wie andere diätetische Therapieformen, nicht zuletzt daran. Die weitgehende Liberalisierung der diätetischen Therapie des Diabetes mellitus, insbesondere des Typ-1-Diabetes mellitus, eröffnet dem Berater und dem Diabetiker die Möglichkeit, individuelle Ernährungsgewohnheiten tolerieren zu können und trotzdem eine diabetesbezogene, kohlenhydratberechnete und fettmodifizierte Kost zu gestalten. 60 bis 70 En% entstammen dabei Kohlenhydraten und einfach ungesättigten Fettsäuren. Die neuen diätetischen Therapieprinzipien ermöglichen zudem eine adäquate enterale Ernährung von Diabetikern mit Trink- und/oder Sondennahrungen für Diabetiker der zweiten Generation, die im Vergleich zu Nahrungen der ersten Generation deutliche Vorteile gegenüber saccharosehaltigen Standardnahrungen aufweissen. Die neuen diätetischen Therapieprinzipien bei Diabetes mellitus berücksichtigen sowohl die diabetogene Stoffwechselsituation als auch die Notwendigkeit der Prophylaxe der diabetischen Folgekomplikationen. Die Mehrzahl der Patienten mit Typ 2 Diabetes könnte mit einer individuellen Ernährungstherapie allein ausreichend behandelt werden.

Autor:

Sven-David Müller, M.Sc, Diätassistent und Diabetesberater DDG, Haddamshäuser Weg 4a, 35096 Weimar an der Lahn, www.svendavidmueller.de, diaetmueller@web.de

Literatur:

1	Herstellerangaben
2	Herstellerangaben
3	Clinical Nutrition Vol. 17 Suppl. 2, Sept. 1998, „Consensus Roundtable on Nutrition Support of Tube-Fed-Patients with Diabetes, 28 February - 1 March 1998, Chicago, Illinois, USA
4	Karsten, S., unveröffentlichtes Manuskript, 1999
5	Müller, S.-D., Neufassung vorgestellt, Klassifikation und Diagnose des Diabetes mellitus, Kochpraxis und Gemeinschaftsverpflegung - Die Diätküche, 1 / 2, 1999, S. 21-22.
6	Müller, S.-D., Was ist dran an der mediterranen Ernährung ?, Vitaminspur - Zeitschrift für Diätetik, Ernährungsmedizin und angewandte Ernährungsberatung, 4, 1998, S. 113 ff.
7	Wilplinger, M. et al., Chrom im Boden und in der Nahrung, Vitaminspur- Zeitschrift für Diätetik, Ernährungsmedizin und angewandte Ernährungsberatung, 4, 1998, S. 117
8	Mertz, W., Chromium in Human Nutrition: A Rewiew, Am J Clin Nutr, 1993, S. 626 ff
9	Schümann, K. et al., Spurenelemente, in Ernährungsmedizin (Hrsg.: Biesalski, H. K. et al.), 1999, S. 175-176

10 Schümann, K. et al., Spurenelemente, in Ernährungsmedizin (Hrsg.: Biesalski, H. K. et al.), 1999, S. 183 ff

11 Malagelada, J. R., Gastric, pancreatic and biliary responses to a meal, In: Johnson, L. R. (ed.): Physiologie of the intestinal tract, pp. 893 ff, Raven Press, NY, 1981

12 Chantelau, E., Diät (?) bei Diabetes mellitus, In: Berger, M. (ed.): Diabetes mellitus, Urban und Schwarzenberg, 1995

13 Bruns, W. et al., Untersuchung zum Verhalten von Glykämie, Insu linämie und Lipiden bei stoffwechselgesunden Nichtdiabetikern und Typ-2-Diabetikern unter 3 bzw. 6 Mahlzeiten, Abstract Akt. Endokr. Stoffw. 10, 1989, S. 85

14 Diabetes and Nutrition Study Group of the European Association for the Study of Diabetes: 1988, Statement. Nutritional recommendations for indiviudals with diabetes mellitus. Diab Nutr Metab 1 (1988), S. 145-149.

15. Diabetes Control and Complication Trial Research Group: The effect of intensive treatment of diabetes on the development and progression of long-term complications in insulin-dependent diabetes melliuts, New Eng J Med 329 (1993), S. 977-986.

16. American Diabetes Association. Position Statement. Nutrition recommendations and principles for people with diabetes mellitus. Diabetes Care 21 (Suppl. 1), 1998, S. 32-35.

17. Diabetes and Nutrition Study Group of the European Association for the Study of Diabetes. Position Statement. Recommentations for the nutritional management of patients with diabetes mellitus. Diab Nutr Metab 8 (1995), S. 186-189.

18. Ernährungsempfehlungen für Diabetiker 1995, Ernährungsumschau 42, 1995, S. 319-322.

19. Toeller, M., Gries, F.A., Diabetes mellitus, in Ernährungsmedizin (Hrsg.: Biesalski, H. K. et al.), 1999, S. 414-428

20. Zumkley, H. et al., Klinik des Zinkmangelsyndroms, Akt. Ernährungsmedizin 8, 1983, S. 116.

21. Kasper, H. (Hrsg), Ernährungsmedizin und Diätetik, Urban und Schwarzenberg, 1996, S. 60-61.

22. WHO Experten Komitée, „Physical Status: The Use and Interpretation of Anthropometry, 1995

23. Stürmer, W. et al.: Favourable glycaemic effects of a new balanced liquid diet for enteral nutrition - Results of a short-term study in 30 type 2 diabetic patients, Clin Nutr 13, 1994, 224-227.

24. Ziesenitz, S.: Zuckeraustauschstoffe in der Ernährung des Diabetikers, Ernährungs Umschau 44, 1997, Heft 10.

25. Hanefeld, M. et al.: Aktuelle Therapie von Dyslipoproteinämien bei Diabetes, Diabetes und Stoffwechsel 7, 1998, S. 9-16.

26. Hanefeld, M. et al.: The DIS Group: Risc factors for myocardial in farction and death in newly detected NIDDM: the Diabetes intervention Study, 11 - year follow up, Diabetologia 39, 1996, S. 1577-1583.

27. Flachowsky, G. et al.: Was sind und was bewirken Ballaststoffe ?, Teil 1 und 2, Er nährungsumschau 41 (1994 a/b), 11 und 12, S. 415-419 und S. 449-453.

28. Schweizer, T. et al.: The physiological and nutritional importance of dietary fibre, Experienta 47 (1991), S 182-186.

29. Franz, D. et al.: Nutrition principles for the management of diabetes and related complications, Diabetes Care 17 (1994) S. 490-517

30. Garg, A. et al.: Comparison of high-carbohydrate diet with an high-monounsatturated fat diet in patients with non-insulin-dependent diabetes mellitus, N Engl J Med 319 (1988), S. 829-834.

31. Jeejeebhoy, K.N.: Micro nutrients. In: Kleinberger, G.E. et al.: New aspects of clinical Nutrition, Karger/Basel, 1983.

32. Anderson, R.A.: Essentiality of chromium in humans, Sc. Tot. Enviroment 86 (1989), S. 75-81a.

33. Burkard, M.: Wörterbuch der klinischen Ernährung, 1992, Abbott/Wiesbaden, S. 195.

34. Laube, H. et al.: Ernährungstherapie, In: Diabetologie in Klinik und Praxis,

11

Helmut Mehnert et al., Thieme Verlag, 1999, S. 120, 125, 126, 131-132, 133

35. Toeller, M. et al.: Nutritional intake of 2868 IDDM patients from 30 centres in Europe, Diabetologia 39 (1996), S. 929-939.
36. UKPDS Group: Tight blood pressure control and risk of macrovascular and micorvascular complications in type 2 diabetes, UKPDS, Brit. Med. J. 317 (1998), 703-713
37. Ernährungstherapie, H. Laube und H. Mehnert in Diabetologie in der Klinik und Praxis, Helmut Mehnert et al., Thieme Verlag, 1999, S. 120
38. F.R.J. Bornet et al., Insulinemic and glycemic indexes of six starch-rich food taken alone and in a mixed meal by type 2 diabetetics, Amer. J. clin. Nutr. 45 (1987), 588-595
39. C. B. Hollenbeck et al., Variations in insulin-stimulated glucose uptake in healthy individuals with normal glucose tolerance, J. clin. Endocr. Metab. 64 (1987), 151-155
40. M. Lunetta et al., Variability with time of individual glycemic and peak incremental indices of food in non-insulin-dependent diabetics, Letter, Diabète et. Metab 14 (1988), 667-668
41. Diät (?) bei Diabetes mellitus, E. Chantelau in Diabetes mellitus, M. Berger, Urban und Schwarzenberg, 1995, 126 ff